AF601128

INSTRUCTION

DU 4 MAI 1911

RELATIVE

AUX SOINS A DONNER AUX CHEVAUX

DANS

LES CORPS DE TROUPE

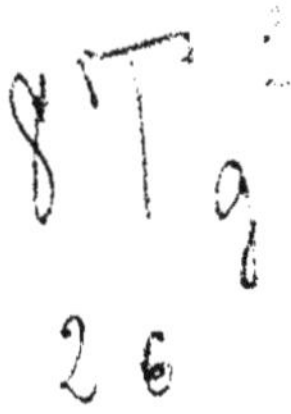

MINISTÈRE DE LA GUERRE

INSTRUCTION

DU 4 MAI 1911

RELATIVE

AUX SOINS A DONNER AUX CHEVAUX

DANS

LES CORPS DE TROUPE

PARIS
HENRI CHARLES-LAVAUZELLE
Éditeur militaire
10, Rue Danton, Boulevard Saint-Germain, 118
(MÊME MAISON A LIMOGES)

1912

TABLE DES MATIÈRES.

AVANT-PROPOS.

L'hygiène hippique a pour objet l'étude des soins à donner au cheval dans le but de le conserver en santé et de le maintenir en état de rendre les services qu'on exige de lui.

Les connaissances qu'il est indispensable de posséder à ce sujet et les règles pratiques qui s'en déduisent sont exposées dans la présente Instruction.

Ces indications sont utiles non seulement aux gradés et hommes de troupe des corps montés, mais aussi à tous ceux qui, dans les autres armes, ont à monter ou à surveiller des chevaux.

INSTRUCTION

DU 4 MAI 1911

RELATIVE

AUX SOINS A DONNER AUX CHEVAUX

DANS

LES CORPS DE TROUPE

I.

ÉCURIES.

TENUE DES ÉCURIES.

L'observation a démontré que beaucoup de maladies (parmi lesquelles toutes les affections thyphoïdes (1) dont les chevaux sont frappés), prennent plus particulièrement naissance dans les écuries encombrées, où l'atmosphère est insuffisamment renouvelée et viciée par les miasmes provenant de litières mal entretenues ou d'un sous-sol infecté.

De là résulte l'obligation d'entretenir avec le plus grand soin les locaux (écuries, baraques ou hangars) où sont logés les chevaux.

Litière.

Le crottin est enlevé à mesure qu'il tombe et porté au dehors. On entretient la litière de façon à ne jamais laisser sous les chevaux une couche épaisse de fumier.

(1) Les affections typhoïdes comprennent les maladies désignées sous les noms de : pasteurellose, grippe, influenza, typhus d'écurie, pneumonie infectieuse, angine infectieuse.

Il convient de ne pas faire subir à la litière des manipulations incessantes et de ne pas la mettre en tas dans l'allée centrale de chaque travée d'écurie pour la remettre en place ultérieurement; on se contente de la relever chaque fois qu'il est nécessaire d'enlever la couche de fumier qui s'est formée au contact du sol. Pendant cette opération, les chevaux sont maintenus hors des écuries, le sol est nettoyé à fond, et, si la saison le permet, lavé à grande eau.

Aération.

L'air des écuries doit être constamment renouvelé en toute saison, la nuit aussi bien que le jour. Chaque commandant d'unité donne des ordres à ce sujet en tenant compte de la disposition intérieure des locaux, de leur orientation, etc. On n'oubliera pas que l'air confiné et vicié est beaucoup plus nuisible à la santé des chevaux que l'excès d'aération.

En hiver, si la rigueur de la température l'exige, les portes et les fenêtres pourront être fermées, mais ces dernières toujours incomplètement. En aucun cas, les lanterneaux des écuries ne seront bouchés.

Il est nécessaire de veiller à ce que les chevaux, en rentrant du travail, ne soient pas exposés aux courants d'air.

Toutes les fois que l'état de l'atmosphère le permet, les chevaux sont attachés dehors le plus longtemps possible. La surveillance des gradés et des gardes d'écurie et l'emploi de l'entrave double de jarrets pour chevaux frappeurs, préviendront les coups de pied dont la crainte fait trop souvent condamner la mesure hygiénique excellente dont il s'agit.

Pendant le séjour des chevaux en dehors des écuries, les portes et fenêtres de ces dernières sont complètement ouvertes.

Râteliers et mangeoires.

Le mobilier intérieur des écuries doit toujours être en bon état. Il faut avoir la précaution de vider les mangeoires et les râteliers avant d'y placer la nourriture des chevaux et de veiller à ce que les mangeoires et les murs de face ne présentent aucune excavation difficile à nettoyer et pouvant servir d'abri aux rongeurs.

Il appartient au commandement de prendre les mesures nécessaires pour que les écuries soient suffisamment éclairées pendant la nuit.

Bat-flanc.

La chaîne de suspension doit avoir une longueur telle que le milieu du bat-flanc soit au niveau de la pointe du jarret du cheval. Si le bat-flanc est fixé haut, les embarrures sont moins fréquentes, mais les conséquences en sont plus graves et les parties inférieures des membres ne sont pas suffisamment protégées contre les coups de pied. Si le bat-flanc est fixé bas, les embarrures sont moins graves, mais beaucoup plus fréquentes.

Les moyens d'attache de fortune, cordes, fil de fer, etc., sont rigoureusement proscrits.

Les bat-flancs en mauvais état pouvant être une cause d'accidents graves, le commandement doit veiller à leur parfait entretien.

Coffres à avoine.

Les coffres à avoine doivent être entièrement vidés et nettoyés au moins une fois par mois.

Pavage des écuries.

Il est nécessaire d'entretenir le pavage des écuries constamment en bon état, car la formation d'interstices et de cuvettes, en permettant l'infection du sous-sol, rendrait inefficace les opérations de lavage et de désinfection.

SUR EILLANCE DES ÉCURIES.

Les écuries doivent être l'objet d'une surveillance active le jour et la nuit. Ce service a principalement pour but de diminuer le nombre des accidents dont les chevaux peuvent être victimes et empêcher l'aggravation de certaines indispositions qui exigent des soins immédiats.

Les cavaliers (1) de service aux écuries veillent à la propreté et à l'ordre des écuries; ils séparent les chevaux qui se battent, secourent ceux qui s'embarrent ou se prennent dans leur chaîne, rattachent ceux qui se sont détachés, raccrochent les bat-flancs, etc., et se conforment aux consignes qui leur sont données par le chef de corps ou commandant d'unité. (Service intérieur, art. 92.)

---

(1) Le mot « cavalier » a été adopté dans un but de simplification pour l'exposé qui suit, mais toutes les prescriptions contenues dans ce manuel s'appliquent également aux canonniers, aux soldats d'infanterie, aux sapeurs du génie, etc., chargés de soigner des chevaux.

Dans cet ordre d'idées, le commandement devra, en particulier, donner des instructions précises au sujet des mesures à prendre à l'égard des chevaux qui présentent des symptômes d'indisposition ou qui sont victimes d'un accident.

II.

SOINS A DONNER AUX CHEVAUX.

SOINS JOURNALIERS.

Avant le travail.

Avant de seller, brosser rapidement le cheval avec la brosse en chiendent pour enlever la poussière et le crottin; nettoyer les sabots, curer les pieds et vérifier l'état de la ferrure et passer la brosse humide sur les crins.

A la rentrée.

Il faut éviter, autant que possible, de ramener les chevaux en sueur au quartier.

En rentrant du travail, attacher le cheval hors des écuries toutes les fois que la température le permet; le débrider et le desseller, puis, afin de sécher rapidement le poil, prendre un bouchon de paille dans chaque main et frictionner vivement l'encolure, la poitrine, le ventre et les flancs, passer ensuite deux ou trois fois, dans le sens du poil, l'éponge légèrement imbibée d'eau très propre, sur la partie du corps correspondant à la selle, de façon à enlever la sueur et les sécrétions de la peau; changer l'eau à chaque fois, et essuyer avec l'éponge après en avoir complètement exprimé l'eau.

Procéder alors au massage de l'emplacement de la selle; tapoter légèrement le dos avec les mains bien à plat, en changeant de place à chaque tapotement, puis masser avec la paume de la main, en la glissant toujours d'avant en arrière, dans le sens du poil.

Plus la peau est fine, plus la sensibilité du cheval est grande, plus il faut tapoter et masser légèrement.

Le massage a pour but de rétablir la circulation et

doit, pour être efficace, durer cinq à dix minutes. On achève ainsi de sécher le dos.

Brosser ensuite, avec la brosse en chiendent, les cuisses et les membres en allant de haut en bas; passer l'éponge mouillée sur les yeux, les naseaux, le fourreau et l'anus; laver les pâturons et les sécher soigneusement avec l'éponge ou avec l'époussette formant tampon (il faut éviter, dans cette opération, d'imprimer à l'époussette un mouvement de va-et-vient qui pourrait irriter la peau et occasionner des crevasses); curer les pieds. Si la queue est crottée, frotter les crins les uns contre les autres, tremper le fouet dans l'eau et l'égoutter. Enfin, rentrer le cheval à l'écurie et le couvrir si c'est nécessaire en raison de la température.

Si le cheval transpire à nouveau quand il est à l'écurie, le cavalier le bouchonne une deuxième fois jusqu'à ce qu'il soit sec.

Pansage.

Le pansage a pour but de faciliter les sécrétions de la peau en la débarrassant des corps étrangers qui la souillent.

Le pansage a lieu au moins une fois par jour, autant que possible après le travail et hors des écuries, toutes les fois que la température le permet.

Il doit être exécuté avec la plus grande activité. Les différentes opérations du pansage sont indiquées ci-après :

Tout d'abord, curer les pieds.

Si le cheval a le poil un peu fort et la peau épaisse, se servir de l'étrille; la passer légèrement à rebrousse poil sur toutes les parties charnues, à gauche et à droite, en commençant par la croupe. Toutes les parties osseuses, comme la face interne et les extrémités des membres, la tête, l'épine dorsale, le garrot, la pointe des hanches sont très sensibles et ne doivent jamais être touchées par l'étrille.

Si le cheval a le poil fin ou s'il est tondu, l'étrille est inutile, l'emploi de la brosse en chiendent suffit pour faire tomber la boue et la crasse.

Lorsque le cheval a été étrillé ou bouchonné, le pansage est continué au moyen de la brosse à cheval. Prendre l'étrille de la main gauche, les dents en dessus, et la brosse à cheval de la main droite; brosser la tête, puis l'encolure et tout le côté gauche; exécuter la même opération du côté droit, en commençant par la tête, en ayant soin, après chaque coup de brosse, donné d'abord à rebrousse poil puis dans le sens du poil, de passer la brosse sur l'étrille pour enlever la crasse. Quand l'étrille en est chargée, la frapper légèrement sur le sol en arrière du cheval.

Panser les membres de même, en commençant toujours par la partie supérieure.

Passer l'époussette sur toutes les parties du corps pour lisser et lustrer le poil.

Brosser le toupet et la crinière que l'on ramène par mèches successivement sur le côté droit, puis sur le côté gauche; nettoyer la queue en la séparant par mèches et en brosser le tronçon pour éviter les démangeaisons qu'y produirait la crasse.

Passer la brosse en chiendent légèrement trempée dans l'eau sur tous les crins, puis l'éponge mouillée sur les yeux, les naseaux, le fourreau et l'anus, laver les paturons et les sécher soigneusement à l'époussette.

Le lavage à grande eau est très exceptionnellement pratiqué, et seulement à la belle saison, lorsque la température le permet; le cheval est toujours parfaitement séché, après le lavage et avant d'être rentré à l'écurie.

Les membres du cheval doivent être l'objet d'une attention constante. Si, en passant la main sur les canons et les boulets, le cavalier sent de la chaleur, ou s'il existe un peu d'engorgement ou de douleur, il en rend compte immédiatement. Tout commencement de tare doit être signalé au vétérinaire.

Il est nécessaire de laver fréquemment les membres du cheval, au moyen d'une éponge trempée dans l'eau propre, surtout quand ils sont couverts de poussière ou de boue. Après le lavage, les membres sont bouchonnés et séchés.

Les paturons doivent être parfaitement séchés; on n'y laisse séjourner ni boue, ni sable, ni poussière, et le cavalier signale la plus légère excoriation qu'il y remarque.

Une douche légère et de courte durée (dix minutes environ par cheval) est salutaire, en général, aux membres fatigués des chevaux. On ne doit pas cependant abuser de ce moyen, surtout pendant l'hiver, pour éviter l'apparition des crevasses des paturons qui en sont très fréquemment la conséquence.

Les pieds du cheval sont nettoyés et curés avant et après le travail ainsi qu'à chaque pansage. Le cavalier s'assure que les fers ne sont ni cassés, ni ébranlés, ni usés, qu'il ne manque pas de clous, qu'il n'y a pas de corps étrangers dans le pied, que les rivets ne dépassent pas la paroi.

Tout cheval dont les sabots sont en mauvais état, les fourchettes échauffées, etc., est signalé immédiatement.

SOINS PÉRIODIQUES.

Entretien des crins de la crinière et de la queue.

Les crins de la queue et de la crinière sont nécessaires au cheval pour se défendre contre les mouches.

La crinière peut être coupée ras sur la partie de la nuque qui correspond au passage de la têtière; elle ne doit jamais être taillée ras sur tout le bord supérieur de l'encolure.

Les crinières épaisses peuvent être émondées.

La queue, sauf dans les régiments montés en chevaux barbes, est coupée de manière que, tendue verticalement, elle arrive à quatre travers de doigt au-dessus de la pointe du jarret.

On ne coupe les crins des pâturons qu'aux chevaux communs et quand l'ordre en est donné.

Il est interdit de couper ou de brûler les crins qui recouvrent la couronne du pied et les longs poils qui se trouvent autour des yeux, des naseaux, des lèvres, et dans l'intérieur des oreilles. Les premiers, en effet, servent à protéger la couronne contre les atteintes et les diverses blessures; les seconds, tout en étant des organes de tact, servent également à protéger les cavités qu'ils entourent contre la pénétration d'insectes ou de corps étrangers.

On peut, à l'aide d'un brûloir spécial, brûler les longs poils qui se trouvent dans l'auge, à la partie inférieure de l'encolure, du poitrail, sous le ventre, à la face interne des avant-bras, des jambes et des cuisses, et aux extrémités des membres de certains chevaux, de façon à leur donner un aspect moins commun.

On peut également employer à cet effet un long bottillon de paille non serrée qu'on allume et dont on passe rapidement la flamme sur les régions indiquées. Le bottillon doit être tenu à une distance suffisante de la peau pour ne pas occasionner de brûlures.

Au moyen de la brosse en chiendent on fait, au fur et à mesure, tomber les poils brûlés. Cette opération, assez délicate, est toujours confiée à un gradé.

Ferrure.

En dehors des cas accidentels (cheval déferré, fer cassé, etc.), le renouvellement de la ferrure doit être attentivement surveillé; en principe, les chevaux de l'armée sont ferrés tous les trente jours; dans aucun cas on ne doit dépasser quarante jours de ferrure, sous peine de voir se produire des déformations du sabot, modifiant les aplombs et provoquant de la fatigue du membre correspondant.

On reconnaît qu'un cheval a besoin d'être ferré aux signes suivants : la corne ayant poussé constamment et le fer n'ayant pas changé de dimensions, celui-ci paraît plus étroit et plus court que le pied; il semble avoir glissé en avant; la corne déborde le fer et forme des éclats; les rivets manquent de solidité. Si on lève le pied, on voit le fer éloigné de la sole, les éponges du fer ne recouvrent plus les talons et s'incrustent dans la sole.

Tonte.

La tonte est une mesure exceptionnelle autorisée par le chef de corps. Pour la pratiquer, il est indiqué d'attendre que les chevaux aient complètement pris leur poil d'hiver. On ne tond ni l'emplacement de la selle, ni les membres.

Après la tonte, les chevaux sont couverts et placés dans une partie de l'écurie à l'abri des courants d'air.

Bains.

Les bains que l'on peut faire prendre aux chevaux, à la belle saison, ne doivent être ni trop prolongés, ni trop fréquents, pour ne pas compromettre la solidité de la ferrure; les clous sont, en effet, souvent ébranlés par les alternatives de sécheresse et d'humidité de la corne.

Chute du poil.

Dès l'apparition des premières chaleurs, les chevaux perdent leur poil d'hiver; cette mue s'accompagne quelquefois, surtout chez les jeunes chevaux, d'une sorte de nonchalance générale de l'animal qui devient mou au travail, se fatigue vite et est exposé à se couronner. Pendant cette période, qui peut durer une quinzaine de jours, il est prudent de surveiller et de ménager, dans la mesure du possible, les chevaux qui paraissent le plus éprouvés.

III.

ALIMENTATION DES CHEVAUX.

LA RATION.

Nature et taux.

Les denrées qui composent la ration habituelle du cheval sont : l'avoine, le foin, la paille, et, exceptionnellement, l'orge.

Si ces denrées font défaut ou si la santé des chevaux l'exige, des substitutions peuvent être faites. Les conditions dans lesquelles doivent être opérées ces substitutions sont déterminées par les règlements ministériels.

Les denrées de substitution le plus habituellement employées sont : la luzerne, le sainfoin, la farine d'orge, le son, le vert, les carottes.

Le remplacement des grains par du fourrage n'est admis, en temps de paix, que dans le cas d'absolue nécessité.

La ration journalière du cheval est réglée par les tarifs ministériels; toutefois, il appartient aux chefs de corps de déterminer le taux des économies d'avoine qu'il convient de faire à certaines époques de l'année.

Caractères distinctifs des denrées fourragères.

La qualité des aliments absorbés par le cheval a une influence directe sur sa santé, et l'ingestion de denrées avariées ou simplement défectueuses peut favoriser l'éclosion des maladies typhoïdes; la connaissance des caractères distinctifs des principales denrées fourragères présente donc un intérêt particulier.

Foin. — Le foin de bonne qualité, le seul que l'on doive accepter pour la nourriture des chevaux, a une couleur verte, franche et un peu foncée, une odeur légèrement aromatique; ses tiges sont fines et souples; s'il est cassant et se brise à la moindre manutention, c'est qu'il est trop mûr et trop ancien de conservation;

il doit être parfaitement sec, exempt de poussière et d'herbes non nutritives, comme les joncs et les roseaux.

Plus un foin est fin, court et aromatique, meilleure est sa composition.

Plus un foin est plat, long, grossier, pailleux et sans arome, moins bonne est sa composition.

Un vieux foin est moins nutritif qu'un foin nouveau ou de conservation récente.

On doit rejeter les foins grossiers dont les tiges sont ligneuses, coriaces, ceux qui ont une couleur terne ou noirâtre (rouillés), les foins secs, cassants, décolorés (trop mûrs), les foins pâles, décolorés sans arome (lavés), les foins moisis, vasés.

Paille. — La paille de froment est seule admise pour la nourriture des chevaux.

La paille de bonne qualité est de couleur jaune doré, plus ou moins foncé; elle n'a pas d'odeur et presque pas de saveur; les tiges qui la forment, plus ou moins grossses, doivent être pleines, garnies de leurs feuilles, moelleuses, sèches, non cassantes et non poussiéreuses.

A la paille peuvent se trouver mélangées des plantes étrangères qui, lorsqu'elles sont bonnes elles-mêmes, lui donnent une valeur nutritive plus grande et font dire que la paille est fourragère; si les plantes étrangères sont, au contraire, de mauvaise qualité, la paille doit être rejetée.

On doit rejeter également les pailles qui ont été mouillées et qui ont un aspect grisâtre (pailles grises), les pailles rouillées ou charbonnées atteintes par une maladie spéciale (rouille, charbon), et qui peuvent être mauvaises pour la santé des chevaux; les pailles trop vieilles qui sont vermoulues, cassantes, poussiéreuses; les pailles odorantes, malpropres, moisies.

On peut accepter comme paille de litière les pailles d'avoine, d'orge ou de seigle; mais on doit refuser, même pour cet usage, les pailles qui présentent des altérations susceptibles de nuire à la santé des chevaux.

Avoine. — L'avoine est l'aliment de résistance dans la ration du cheval.

L'avoine de bonne qualité est bien sèche et coule facilement entre les doigts; son écorce est mince, brillante et lustrée, sans rides; son amande est serrée, blanche; elle laisse, quand on l'écrase dans la bouche, une saveur agréable et farineuse; versée d'une certaine hauteur sur un corps dur, elle rend un bruit sec; son odeur est presque insensible.

L'avoine doit renfermer le moins possible de graines étrangères, être propre et non poussiéreuse.

On doit rejeter les avoines pailleuses ou trop poussiéreuses, humides, mal odorantes, moisies, germées, rouillées et charbonnées.

Orge. — L'orge de bonne qualité est bien sèche, coulante à la main, d'une belle couleur franche, exempte de mauvaise odeur ou d'altération quelconque.

Les conditions à remplir par les avoines sont applicables à l'orge.

Son. — Le son doit être frais, sans odeur et d'une saveur douce; c'est un aliment dénué de valeur alimentaire; on le rend meilleur en le mélangeant à de la farine d'orge, à des gruaux ou à des remoulures.

Farine d'orge. — La farine d'orge doit provenir d'une orge de bonne qualité; elle doit être récemment moulue, avoir une coloration blanche légèrement jaunâtre, et être exempte de toute altération.

REPAS DES CHEVAUX.

En principe, les chevaux font, par jour, deux repas principaux et sensiblement équivalents; le premier, le matin, avant ou après le travail, selon la saison ou les circonstances; le deuxième, le soir. L'avoine est donnée à ces deux repas et toujours après l'abreuvage. Les repas principaux doivent être donnés deux heures au moins avant le travail.

Afin que les chevaux ne sortent pas à jeun, lorsque le travail a lieu le matin, on distribue en temps voulu avant le départ un quart de la ration de foin. Il en est de même lorsque le premier repas des chevaux a lieu à une heure tardive de la matinée.

Les chevaux délicats, ceux qui mangent peu et boivent lentement, sont groupés à part et sont l'objet de soins particuliers pour leur régime alimentaire (repas moins copieux et plus fréquents, seau rempli d'eau mis en permanence à leur disposition, etc.). On les signale à l'attention du service vétérinaire.

Les rations des chevaux absents de l'écurie au moment des repas sont mises de côté et leur sont données après leur rentrée. Le commandement a le devoir d'y veiller.

ABREUVAGE.

Les chevaux boivent au moins deux fois par jour en toute saison.

On ne doit jamais laisser les chevaux boire d'un seul trait, mais toujours leur couper l'eau.

En été, les auges sont remplies une heure au moins avant l'abreuvage.

Il y a intérêt, en tout temps, mais surtout lorsque la température est élevée, à ce que les chevaux prennent, tout bridés, quelques gorgées d'eau en sortant du quartier et en rentrant du travail.

ALIMENTATION PARTICULIÈRE.

Mashs.

Les mashs sont donnés aux chevaux fatigués, en mauvais état d'entretien, à appétit capricieux, échauffés par l'avoine ou atteints d'inflammation chronique de l'intestin.

Les mashs sont préparés par les soins du service vétérinaire et varient dans leur composition selon la nature des cas qui en réclament l'emploi.

En principe, et avec quelques variantes suivant le poids du cheval et le taux de sa ration normale, il entre dans la composition d'un mash :

Paille hachée.	200	grammes.
Foin haché.	200	—
Avoine.	500	—
Son.	160	—
Farine d'orge.	80	—
Sel marin.	10	—
Graine de lin (1).	30	—

Les mashs se préparent généralement de la façon suivante : le foin et la paille hachés, l'avoine, le sel marin, et, s'il y a lieu, la graine de lin, étant disposés par couches dans un seau, on les arrose avec environ deux litres d'eau bouillante. Le son et la farine d'orge sont alors déposés à la surface du mélange pour en éviter l'évaporation. Une couverture recouvrant le récipient est maintenue jusqu'à refroidissement de la préparation. Celle-ci est enfin soigneusement brassée avant distribution.

La difficulté de se procurer l'eau chaude peut obliger à préparer le mash à froid. Il faut, dans ce cas, faire dissoudre d'abord le sel marin dans l'eau, puis brasser immédiatement toutes les substances compo-

---

(1) Réservée comme médicament pour quelques chevaux atteints d'inflammation intestinale chronique.

santes et les laisser macérer pendant six heures environ. Le mash préparé à froid ne comporte pas de graine de lin.

Un mash doit toujours être distribué dans les vingt-quatre heures qui suivent sa préparation.

Vert.

Le vert est un régime alimentaire auquel on soumet temporairement, au printemps, certains chevaux dans le but de rétablir leur état général ou leur santé.

Le vert peut être donné à la prairie ou sous forme de vert complet à l'écurie; ce régime a, dans ce cas, un but exclusivement thérapeutique et n'est appliqué qu'aux chevaux dont l'état de santé en réclame l'usage.

En général, pour ne pas entraver le service régimentaire, on se contente de donner le quart de la ration de vert à l'écurie aux chevaux auxquels ce régime est favorable.

Les fourrages verts peuvent être le sainfoin, la luzerne, le trèfle, ou tous autres produits de prairies naturelles ou artificielles, selon les ressources du pays.

Toute livraison ayant subi un commencement de dessiccation ou ne remplissant pas les conditions de qualité requises est refusée.

L'herbe doit être coupée seulement quelques heures avant la distribution; dès l'arrivée au quartier, le matin, elle est mélangée à du foin sec et conservée à l'abri du soleil, dans un endroit propre et bien aéré; le vert ainsi mélangé est distribué dans la journée et ne doit jamais, à cause des dangers de fermentation, être conservé pendant plus de vingt-quatre heures.

En raison des déjections abondantes qu'il occasionne chez les chevaux, les écuries sont bien aérées et tenues avec une rigoureuse propreté.

Pendant la durée du régime, le travail des chevaux est un peu modéré; il y a, en outre, intérêt à ne pas diminuer la ration normale d'avoine lorsque l'importance des économies réalisées le permet.

IV.

DU TRAVAIL.

Lorsque le travail est modéré et en rapport avec les forces du cheval, il concourt à l'entretenir en santé et à accroître sa vigueur. Quand, au contraire, il est trop considérable et dépasse la limite de résistance de l'organisme, il devient la source de nombreuses maladies et accidents.

Le travail a donc une importance de premier ordre, puisque, suivant la manière dont on le dirige, il est salutaire ou pernicieux.

Un repos prolongé, en laissant les muscles dans l'inaction, diminue leur puissance de contraction, nuit à l'exercice normal des autres fonctions; l'animal engraisse et devient mou au travail.

Un travail régulier, au contraire, active toutes les fonctions, entretient les forces, et prépare le cheval à supporter les fatigues de l'existence militaire.

Un cheval est *en condition* lorsque ses organes ont atteint leur développement rationnel et que, grâce à un travail progressif, des soins judicieux et une gymnastique appropriée, il a acquis l'endurance, la rusticité et l'adresse indispensable au cheval de guerre.

On reconnaît qu'un cheval est *en condition* lorsqu'il a les mouvements aisés, les muscles fermes, qu'il est peu chargé de graisse et qu'il a le poil brillant.

L'excès de travail aboutit au surmenage et a pour conséquence l'épuisement des organes, l'altération de leurs fonctions et l'usure prématurée de leurs membres; le cheval s'amaigrit et s'use rapidement.

Le cheval est *forcé* lorsque la somme de travail qui lui a été accidentellement demandée a dépassé la force de résistance de l'organisme. Cet état, qui est toujours très grave, se traduit par un essoufflement exagéré, des battements tumultueux du cœur, parfois perceptibles à distance, et souvent aussi par des saignements de nez. Le cheval peut survivre à cet accident, mais il est rare qu'il s'en remette complètement.

Comme conséquence, on peut poser les règles suivantes :

Un travail journalier est nécessaire à la santé des chevaux;

Le repos et le séjour trop prolongé dans les écuries sont préjudiciables à leur santé et à leur vigueur;

Il est nécessaire, par un travail graduellement augmenté, de remettre « en condition » tout cheval dont le travail a été interrompu pendant un certain temps;

L'excès de travail ruine complètement les chevaux et les expose à de très graves maladies.

Le travail ordinaire dans les régiments est assez actif pour maintenir les chevaux en santé. La progression du travail, croissante pendant les mois d'été, est, sauf exception, suffisante pour amener les chevaux en condition à l'époque des manœuvres d'automne.

Lorsque le travail ne peut être journalier, il doit être remplacé par des promenades au pas et au trot assez longues pour en tenir lieu.

Sous peine de ruiner prématurément les chevaux, il faut, chaque année, les remettre en état à l'issue des manœuvres; en conséquence, à cette époque, on les laisse au repos, dans la mesure où les nécessités du service le permettent.

V.

HYGIÈNE SPÉCIALE DES JEUNES CHEVAUX.

Les jeunes chevaux arrivant des dépôts de remonte, transportés dans un milieu et dans un climat auxquels ils ne sont pas habitués, passent par une phase critique qu'on appelle *acclimatement* et qui les prédispose à contracter des maladies assez nombreuses. Il convient donc d'observer à leur égard, avec la plus scrupuleuse attention, toutes les prescriptions hygiéniques applicables aux chevaux d'âge.

A leur arrivée au corps, les jeunes chevaux sont groupés, sous la surveillance du vétérinaire, soit à l'infirmerie vétérinaire, soit dans des écuries spéciales choisies parmi les meilleures du casernement. Ils sont répartis dans les unités lorsque tout danger de maladie contagieuse a disparu.

Le pansage joue un rôle des plus importants pour le maintien de la santé du jeune cheval; il est, en conséquence, essentiel d'en obtenir par tous les moyens possibles la parfaite exécution. Il est nécessaire de régler avec soin les heures des repas des jeunes chevaux, de surveiller leur appétit et d'examiner fréquemment leur dentition, de veiller à ce qu'ils reçoivent l'intégralité de leur ration, de prescrire les substitutions convenables d'après la saison, de déterminer la composition des mashs et d'en régler la distribution, enfin de veiller à ce que les chevaux aient une bonne litière qui, seule, peut leur assurer le repos indispensable à leur santé. Le commandement donne des ordres en conséquence.

La mue (mars-avril) et le régime du vert (mai-juin), auquel il y a lieu de soumettre largement les jeunes chevaux, sont, pour eux, des causes de dépression. La diminution du travail devient à ce moment une règle absolue, ainsi que la suralimentation destinée à combattre cette dépression physique dont les effets se font souvent ressentir pendant un temps assez long.

Lorsque la température est basse, les jeunes chevaux sont couverts.

En résumé, pendant toute la période du dressage, les jeunes chevaux sont l'objet, de la part du commandement, d'une surveillance constante au point de vue de l'alimentation, du logement, du travail, du développement des tares et des maladies.

VI.

CHEVAUX DE RÉQUISITION.

A son arrivée dans un corps de troupe, le cheval de réquisition se trouve astreint à un genre de vie presque toujours différent de celui auquel il était habitué. Le commandement doit donc s'efforcer de pallier, dans la mesure du possible, aux inconvénients résultant de ce brusque changement d'existence.

En conséquence, dans les limites où le permettront les exigences de la mobilisation, on se conformera aux recommandations exposées ci-après, en ce qui concerne l'acclimatement et l'utilisation des chevaux de réquisition.

Visite sanitaire.

Dès leur arrivée, les chevaux de réquisition seront soumis à une visite sanitaire minutieuse, permettant d'isoler ceux qui sont atteints ou suspects de maladies contagieuses.

Ferrure.

Tous les chevaux de réquisition seront ferrés le plus rapidement possible.

Mesures à prendre pour éviter les accidents.

Afin de diminuer le nombre des coups de pied, des morsures entre voisins (surtout au moment des repas), des embarrures, des prises de longe, etc., on exercera une surveillance attentive sur les chevaux de réquisition qui ne sont pas, comme ceux de l'armée, habitués à la vie en commun.

Dans les locaux dépourvus de bat-flanc ou de séparations, on placera les chevaux de réquisition les uns à côté des autres sans intervalles de façon à diminuer la gravité des coups de pied. Les chevaux méchants seront isolés.

Enfin, il conviendra de couvrir les chevaux de réquisition si les locaux dans lesquels ils sont abrités sont largement aérés.

Alimentation.

Une assez forte proportion de chevaux, variable toutefois suivant les régions d'où ils proviennent, sont habitués, contrairement aux dispositions en vigueur dans l'armée, à recevoir comme nourriture beaucoup de fourrage et peu d'avoine; il serait imprudent de passer brusquement d'un régime à l'autre; en conséquence, pendant les premiers jours, une partie de l'avoine sera convertie, si les circonstances le permettent, en foin, paille, son, farine d'orge, etc. La ration d'avoine sera graduellement augmentée, et d'autant plus rapidement que cette denrée sera mieux acceptée.

De façon à éviter les coliques dües au changement de régime, les chevaux seront conduits à l'abreuvoir trois ou quatre fois par jour.

Utilisation.

Le temps manquera dans la plupart des cas pour qu'il soit possible de soumettre les chevaux de réquisition à un dressage méthodique ; pour y suppléer, il sera essentiel d'affecter, dès le début, chaque cheval à l'emploi pour lequel il convient le mieux.

On tiendra compte des aptitudes, de la conformation, du degré de sang, de l'âge, etc., pour désigner d'une part les chevaux de selle, de l'autre les chevaux de trait et parmi ceux-ci les porteurs et les sous-verges.

Les attelages seront constitués avec soin : il y aura souvent avantage à associer un cheval jeune et insuffisamment dressé avec un cheval plus âgé et docile; dans un même attelage, les chevaux ne devront pas être de tailles trop différentes, etc.

Le travail commencera dès le premier jour. Un exercice journalier, dont la durée augmentera progressivement, est nécessaire pour habituer les chevaux à travailler ensemble, familiariser les porteurs avec le poids du cavalier et permettre un ajustage définitif du harnachement (1).

Dans les troupes montées, le poids du cavalier, la pression du rang, le port du sabre, pourront être la cause de certaines difficultés. Les procédés à employer pour les surmonter dépendent essentiellement du tempérament des chevaux requis et sont, par conséquent, variables avec chaque région. Il appartiendra donc aux différents corps de troupe de tenir compte des conditions particulières dans lesquelles chacun d'eux se trouve placé pour préparer à l'avance un programme qui servira de guide aux officiers chargés de recevoir, d'acclimater et d'utiliser les chevaux de réquisition.

VII.

SOINS A DONNER AUX CHEVAUX EN ROUTE, EN MANŒUVRE ET EN CAMPAGNE.

Il n'est pas toujours possible de se conformer pendant les routes, les manœuvres et en campagne, aux prescriptions concernant l'hygiène des chevaux en vigueur dans les garnisons, on doit cependant s'efforcer de les observer autant que les circonstances le permettent, car l'état des chevaux et, par conséquent, le service qu'on peut exiger d'eux, dépend en partie des soins qui leur sont donnés.

Les règles concernant la tenue des locaux, l'alimentation, l'abreuvage, les soins à donner avant et après le travail, le pansage, etc., seront appliquées dans la mesure du possible.

En campagne, tout commandant de troupe, tout cavalier ou conducteur isolé devra mettre à profit dès qu'elles se présenteront, les circonstances qui lui paraîtront favorables pour alimenter et abreuver les chevaux.

L'examen journalier et minutieux des différentes par-

---

(1) Il est rappelé que les approvisionnements de chaque corps doivent comporter un nombre suffisant de courroies (allonges) destinées à l'allongement des sangles trop courtes pour certains chevaux de réquisition en cas de mobilisation.

ties du corps du cheval, la surveillance des membres et de la ferrure prennent une importance particulière puisque, plus encore qu'en garnison, il y a intérêt à soigner dès le début les maladies ou blessures qui viendraient à se produire.

Il convient de faire une remarque particulière relative aux soins à donner au dos.

Lorsqu'à l'arrivée au cantonnement ou au bivouac, il n'est pas possible d'observer les prescriptions concernant les soins à donner au dos du cheval après l'avoir dessellé (voir page 12), il y a souvent intérêt à opérer de la façon suivante :

Après avoir débridé et attaché le cheval, on maintient la selle en place, mais afin de réduire au minimum la compression sur le dos, on a soin de décharger le cheval en enlevant les parties pesantes du paquetage et de dessangler.

En agissant ainsi, on évite de provoquer le refroidissement brusque du dos. En outre, les vaisseaux sanguins comprimés par la selle reprennent peu à peu leur volume normal et la circulation se rétablit lentement.

On peut, de la sorte, prévenir souvent le développement de tumeurs susceptibles de devenir dans la suite la cause de blessures plus sérieuses.

Il demeure d'ailleurs entendu que la selle est enlevée aussitôt après l'arrivée si le cavalier est en mesure de donner immédiatement au dos du cheval les soins prescrits. Dans aucun cas, la selle n'est maintenue plus de trois quarts d'heure en place.

VIII.

PREMIERS SOINS A DONNER AUX CHEVAUX MALADES OU BLESSÉS.

CHEVAUX MALADES.

Signes à observer.

Les gradés et hommes de troupe chargés de la surveillance des chevaux doivent connaître les signes auxquels on reconnaît qu'un cheval est malade, afin de pouvoir, en l'absence d'un vétérinaire ou lorsqu'ils sont isolés, faire donner les premiers soins indispensables.

On reconnaît qu'un cheval est malade :

Quand il ne mange pas ou qu'il mange moins qu'à l'ordinaire;

Quand il est triste, qu'il porte la tête basse ou se tient éloigné de la mangeoire à bout de longe;

Quand il tousse ou qu'il a la respiration accélérée;

Quand il s'agite, se tourmente, ou enfin qu'il y a dans sa manière d'être quelque chose d'anormal.

Dès qu'un cheval présente un ou plusieurs de ces signes de maladie, il faut : le sortir du rang, l'isoler, l'abriter le mieux possible, le tenir chaudement en le couvrant si la température l'exige, lui supprimer l'avoine et le foin et ne lui donner à manger que de la paille et du barbotage.

Toux.

Quand un cheval tousse tout en conservant son appétit et sa gaîté, il faut le tenir chaudement en hiver, ne le sortir que couvert et par le beau temps.

Inflammation de la gorge.

Si le cheval est triste, a de la peine à manger, s'il a la bouche baveuse et rejette des parcelles d'aliments par les naseaux, c'est le signe d'une inflammation de la gorge, qui peut devenir grave. On doit alors couvrir le cheval, lui envelopper la gorge avec une peau de mouton ou un morceau de couverture, afin de maintenir la chaleur dans cette région et ne lui donner que de l'eau blanchie avec de la farine d'orge.

Coliques.

Lorsque le cheval s'agite, se couche, se roule sur le sol, se relève pour se recoucher tout de suite, regarde son flanc, se plaint et se campe comme pour uriner, c'est l'indice qu'il est atteint de coliques; il faut le faire bouchonner vigoureusement, le bien couvrir et le promener au pas, lui donner quelques lavements tièdes si c'est possible, et le laisser à la diète complète. Il y a toujours danger à faire prendre de force des breuvages à un cheval atteint de coliques, en raison de la surcharge que le breuvage occasionne dans l'estomac et de la difficulté de l'opération pour les personnes inexpérimentées.

Soignées convenablement dès le début, les coliques sont le plus souvent guérissables; aussi doit-on se hâter de prévenir le vétérinaire.

La plupart du temps, les maladies de l'appareil digestif désignées sous le nom de coliques sont imputables à une hygiène irrégulière de l'alimentation ou du travail et à des infractions aux prescriptions réglementaires : écarts de régime divers, repas trop réduits ou trop copieux, mal répartis ou pris trop vite par des animaux affamés ou gloutons, consommation accidentelle de denrées fourragères passées ou altérées (particulièrement luzerne ou sainfoin), abreuvage insuffisant ou excessif, ingestion d'eau froide par des animaux à jeun ou en sueur, refroidissements cutanés subits, travail trop rapproché des repas, fatigue, surmenage.

Si quelques-unes de ces causes sont liées aux nécessités du service et aux exigences de la vie militaire, il est incontestable que la plupart d'entre elles peuvent être évitées, atténuées ou combattues par la stricte application des mesures d'hygiène réglementaires.

Fourbure.

Lorsque, après une grande fatigue ou un très long repos, un cheval a de la difficulté pour marcher, s'il a les pieds chauds, les membres postérieurs engagés sous le corps, les antérieurs portés en avant, il est *fourbu*. Les mesures à prendre sont les suivantes :

Soulager les pieds en faisant desserrer les fers et en les maintenant seulement par quelques clous; entourer les pieds au moyen de chiffons qu'on entretient humides en les arrosant fréquemment; si la température est favorable, mettre le cheval à l'eau pendant plusieurs heures jusqu'au-dessus des boulets.

CHEVAUX BLESSÉS.

Blessures du harnachement.

Les blessures causées par le harnachement peuvent être de plusieurs sortes :

Si après avoir enlevé la selle, on observe, sur les parties où elle a porté, une grosseur plus ou moins volumineuse communément appelée *gonfle*, il faut immédiatement essayer de la faire disparaître par le massage; pour cela le cavalier enduit légèrement la paume de sa main d'un corps gras, huile, graisse, ou, à défaut, de savon, et frotte longtemps, dans le sens du poil, en appuyant avec la paume de la main; si la grosseur ne disparaît pas complètement, il faut appliquer dessus une éponge constamment imbibée d'eau légèrement salée ou vinaigrée que l'on maintient avec un surfaix un peu serré; pour éviter les blessures que celui-ci pourrait amener sur la ligne saillante du dos, on interpose un bottillon de chaque côté. A défaut d'éponge on peut se servir d'une motte de gazon fixée dans les mêmes conditions, la partie herbeuse de la motte étant mise en contact avec la peau.

Il sera toujours prudent de ne pas monter le cheval avant la disparition complète de la grosseur.

Lorsque la blessure s'accompagne d'une plaie superficielle, elle doit être soigneusement nettoyée avec de l'eau ordinaire ou, mieux, légèrement vinaigrée ou salée, afin d'éviter la formation de croûtes épaisses; il est bon, dans ce cas, de fixer à la couverture un carré de toile cirée, débordant largement la plaie et enduite très légèrement d'un corps gras, huile, graisse ou vaseline.

Les blessures produites par la sangle sont traitées de la même façon.

Les *cors* ou mortifications de la peau qui se forment sur le dos ou sur les côtes sont respectés aussi longtemps qu'ils permettent l'utilisation du cheval, c'est-à-dire tant qu'ils ne sont pas accompagnés d'une grosse tuméfaction toujours extrêmement sensible et indice de la formation d'un abcès; en route ou en manœuvres, on doit toucher le moins possible aux cors et se borner à un simple nettoyage journalier.

Les blessures qui se forment sur la nuque, sur le garrot et sur le rein doivent être attentivement surveillées et soignées en raison des complications fréquentes et parfois graves qui peuvent survenir.

Les blessures du harnachement doivent être soignées dès le début d'une façon rationnelle pour éviter leur aggravation; aussi doit-on présenter, chaque fois que cela est possible, les chevaux blessés à la visite du vétérinaire, dès l'apparition des blessures.

Blessures et accidents divers.

Les *coups de pied, atteintes, chutes sur les genoux, couronnements, embarrures, prises de longe*, sont des accidents fréquents; les plaies qui en résultent doivent être nettoyées journellement par des lotions d'eau vinaigrée ou salée. Lorsque la plaie donne lieu à une hémorragie (écoulement abondant de sang) on l'entoure, si possible, au moyen d'un mouchoir, d'une cravate ou d'un linge propres que l'on serre assez fort. Si la plaie ne peut pas être entourée on la recouvre de la même façon et on comprime le pansement avec la main jusqu'à ce que le sang ne s'écoule plus.

Quand un cheval *boite*, on examine tout d'abord le pied et on s'assure qu'il n'y a pas de cailloux, graviers, etc., enfoncés entre le fer et la corne, ni de clou ayant pénétré dans la sole ou dans la fourchette. Le corps étranger est retiré immédiatement s'il y a lieu, et, lorsque le pied est sensible, on fait prendre des bains de pied au cheval.

Si le pied n'est pas sensible, il faut examiner le membre, le palper dans toute son étendue pour déterminer la région douloureuse; il convient surtout d'explorer avec soin les articulations et la région tendineuse du canon, en en comparant la sensibilité et le volume avec la sensibilité et le volume des mêmes parties du membre opposé; s'il y a de l'engorgement ou de la chaleur, on fait prendre des bains au membre malade, dans un seau de bois ou mieux dans un cours d'eau.

Dans le pli du pâturon existent parfois des crevasses; elles sont le résultat soit du manque de soins, soit d'une prise de longe, soit du séjour dans un terrain boueux. Il faut couper les poils autour de la plaie, la nettoyer et appliquer en petite quantité de la glycérine ou de la vaseline boriquée. Si le cheval peut être laissé au repos, on place dans le pli du pâturon un tampon de coton imbibé d'eau blanche très légère, d'alcool ou d'eau-de-vie ordinaire, maintenu en place par un pansement à demeure.

Jusqu'à guérison complète, on évite de faire passer les chevaux dans l'eau et dans la boue.

IX.

AJUSTAGE ET ENTRETIEN DU HARNACHEMENT.

Des blessures, quelquefois graves et susceptibles d'entraîner une longue indisponibilité, peuvent être causées aux chevaux par les pièces du harnachement.

Les gradés et les cavaliers doivent donc connaître exactement les différentes opérations à effectuer pour ajuster chacune des parties du harnachement et les entretenir en bon état.

BRIDE ET LICOL DE PARADE.

Ajustage. — On ajuste une bride en réglant la longueur des deux montants au moyen des boucles dont ils sont munis. Cette longueur doit être telle que les canons du mors soient à un ou deux travers de doigt au-dessus des coins (juments) ou des crochets (chevaux).

Le mors lui-même ne doit être ni trop étroit, pour que ses branches supérieures ne viennent pas comprimer et écorcher les joues, ni trop large, afin de ne pas ballotter dans la bouche du cheval.

La gourmette, mise sur son plat et accrochée, doit être suffisamment longue pour que l'on puisse passer deux doigts entre elle et la barbe. Lorsque la gourmette n'est pas mise sur son plat ou lorsqu'elle est trop serrée, elle a une action douloureuse et peut blesser le cheval.

Pour ajuster le licol de parade, il faut d'abord allonger plus ou moins les montants au moyen de la boucle du montant de gauche, afin que la muserolle ne frotte pas sur les saillies osseuses des joues; puis, régler la longueur de la sous-gorge de manière que le cheval, tout en conservant la liberté de la respiration, ne puisse ni se débrider, ni se délicotter.

Entretien. — Chaque fois qu'une bride a servi, on nettoie les cuirs et les aciers.

Les cuirs sont, suivant le cas, simplement nettoyés avec une éponge humide ou bien savonnés et lavés. Dans aucun cas on ne les laisse séjourner dans l'eau.

On conserve aux cuirs leur souplesse en les graissant légèrement avec un mélange d'huile de pied de bœuf et suif de mouton par parties égales. On fait pénétrer la graisse dans le cuir en frottant avec un linge sec.

Les aciers (mors de bride et filet) sont lavés et tenus au clair. On ne les graisse que s'ils doivent rester un certain temps sans servir.

BRIDON D'ABREUVOIR ET LICOL D'ÉCURIE.

Ajustage. — L'ajustage du bridon d'abreuvoir se fait au moyen de la boucle du dessus de tête; il faut donner aux montants du bridon une longueur telle que le mors de filet soit à hauteur des commissures des lèvres sans les plisser.

Pour ajuster le licol d'écurie, on boucle plus ou moins serré le dessus de tête, suivant les dimensions de la tête du cheval, de manière à empêcher celui-ci de se délicotter. Il faut veiller toutefois à ne pas gêner sa respiration.

Entretien. — Le cuir hongroyé du bridon et du licol d'écurie est lavé et graissé comme il est dit pour le cuir de la bride.

Le bridon et le licol ne doivent jamais traîner à terre ou dans la poussière.

COUVERTURE.

La couverture est destinée à amortir la pression et à adoucir les frottements de la selle sur le dos du cheval. Elle est entretenue avec soin afin de rester souple et moelleuse.

Après avoir dessellé, on fait sécher, en évitant de l'exposer au soleil, la face qui était au contact du cheval et qui est toujours plus ou moins humide. La couverture est ensuite battue, puis brossée avec une brosse en crin (l'usage de la brosse en chiendent détériore la couverture et est interdit).

Tous les ans, la couverture doit être foulonnée.

Avant de seller, on secoue la couverture et on la plie soigneusement en quatre. La présence de corps étrangers (boue séchée, petits cailloux) ou de faux plis dans la couverture, est une cause de blessures, qu'un peu d'attention permet d'éviter.

SELLE.

De toutes les parties du harnachement, la selle est la plus délicate à ajuster. Comme les erreurs d'ajustage entraînent inévitablement des blessures pour le cheval, cette opération doit être faite avec le plus grand soin.

Ajustage de la selle. — 1° Passer d'abord au gabarit l'arçon dépourvu de sa matelassure, pour s'assurer de la symétrie parfaite des deux bandes et de leur régularité;

2° Placer l'arçon sur le dos du cheval et vérifier :

a) Si les bandes reposent bien à plat sur la partie la plus forte de la ligne du dos, avec un léger relèvement des extrémités. Il y a lieu, dans cette opération, de tenir compte de l'épaisseur de la matelassure et de celle de la couverture, qui viendront s'interposer entre le dos du cheval et les bandes d'arçon;

b) Si le siège a une position sensiblement horizontale.

Si ces deux conditions ne sont pas parfaitement remplies, on remédie aux différents défauts constatés par l'apposition, sous les bandes, de lames de feutre ou de cuir, ce qui permet, soit de remplir les vides, soit de redresser certaines parties ou de les incurver davantage.

Le léger relèvement des bandes est indispensable pour qu'aux extrémités l'appui aille en diminuant progressivement d'intensité. Ce relèvement, toutefois, ne doit pas être trop prononcé, car, en diminuant la surface d'appui, il provoquerait le roulement de la selle.

Le siège doit être horizontal, pour que le cavalier soit d'aplomb et que le poids soit uniformément réparti sur toute la surface de contact avec le dos.

L'arçon une fois ajusté, le crin est également réparti dans les panneaux; il faut avoir soin d'en mettre une moins grande quantité aux extrémités, afin de faciliter le léger relèvement prescrit plus haut.

On évite de partir pour un déplacement de quelque durée avec des selles fraîchement rembourrées.

Entretien de l'arçon et de la matelassure. — 1° Passer au moins une fois par an, au retour des manœuvres, tous les arçons au gabarit, afin de s'assurer qu'ils ont conservé leur forme primitive;

2° Refaire complètement les opérations de l'ajustage toutes les fois qu'une selle change d'affectation;

3° Faire toujours rembourrer les deux panneaux ensemble et par le même ouvrier;

4° S'assurer fréquemment que le rembourrage des panneaux n'est pas remonté vers l'évidement et ne présente ni pelotes, ni lacunes;

5° Voir si les arcades ne présentent pas de fêlures ou n'ont pas cédé;

6° Enfin, toutes les fois que le cheval a été blessé, rechercher soigneusement la cause et y apporter le remède.

On évite les déformations de la matelassure en prenant les précautions suivantes :

a) Ne pas utiliser une selle pour monter un cheval autre que celui pour lequel elle a été ajustée.

En effet, même à conformation identique, la matelassure ne prend pas la même forme sur deux chevaux différents, à cause de la non similitude de leurs allures;

b) Ne pas empiler les selles les unes sur les autres soit dans les selleries ou magasins, soit au bivouac, mais les placer debout sur le pommeau.

Entretien journalier. — Les cuirs de la selle sont entretenus comme ceux de la bride, exception faite pour le siège que l'on graisse rarement; par contre, les faux quartiers et l'envers des quartiers doivent être fréquemment graissés et entretenus souples.

La toile des panneaux est soigneusement brossée; il est interdit de la laver.

HARNAIS D'ATTELAGE.

Ajustage des harnais.

La *bricole* est placée de façon à se trouver sensiblement horizontale, son bord inférieur un peu au-dessus de la pointe des épaules, afin de ne point gêner les mouvements du cheval. Si la bricole est trop haute, elle peut comprimer les voies respiratoires.

La *sous-ventrière* est bouclée de manière que l'on puisse passer le doigt entre elle et la sangle.

Le *colleron* est ajusté de telle sorte que, le cheval étant attelé, le timon soit horizontal.

L'avaloire est placée normalement à la partie du cheval située immédiatement au-dessous de la pointe de la fesse. Si l'avaloire est trop descendue, le cheval a moins de force pour arrêter ou faire reculer la voiture; si elle est trop remontée, elle passe facilement au-dessus de la pointe de la fesse, n'a aucune efficacité dans les arrêts ou dans les reculs, fait ruer le cheval et peut occasionner des blessures.

La plate-longe est bouclée à l'avaloire, de manière à laisser au cheval une aisance suffisante dans ses mouvements.

Entretien des harnais.

Les harnais doivent être suspendus et placés dans un endroit couvert.

Aussitôt après avoir dégarni le cheval, passer l'éponge humide sur toutes les parties du harnachement imprégnées de sueur et souillées par la boue et la poussière. Lorsque ces soins ne seront pas suffisants, laver avec l'éponge, essuyer ensuite et frotter avec une pièce de laine ou de drap, principalement le corps de bricole, pour lui conserver toute sa souplesse. Exposer les couvertures et les panneaux de selle à l'air, lorsqu'ils sont mouillés ou imprégnés de sueur; les battre ensuite avec des baguettes pour leur conserver leur souplesse.

Les harnais en cuir fauve sont graissés, aussi souvent que l'exige leur état, avec un mélange d'huile de pied de bœuf et de suif de mouton par parties égales. Quatre graissages complets par an sont généralement suffisants.

Les harnais en cuir noir sont cirés; ils sont néanmoins graissés au moins quatre fois par an.

Bât de mulet.

Pour qu'un bât soit bien ajusté, il faut qu'il repose sur le dos du mulet, sans que les côtes soient comprimées; que le bord antérieur des panneaux soit à 6 centimètres environ en arrière des épaules; que l'on puisse passer aisément les doigts entre les piqûres inférieures des panneaux et le corps du mulet; que la liberté du garrot et celle du rein soient assez grandes pour que, le mulet étant chargé, on puisse passer aisément la main entre ces parties du corps et le bât; enfin, que les arcades du bât tombent bien verticalement.

Pour ajuster le bât, on le place sans couverture sur le dos du mulet, puis le bourrelier remanie s'il y a lieu, le rembourrage des panneaux, de façon à donner à la matelassure de chaque bât une forme exactement en rapport avec celle du dos du mulet auquel il est affecté.

Le poitrail est placé à peu près horizontalement, de façon que son bord inférieur arrive un peu au-dessus de la pointe de l'épaule, pour n'en pas gêner le mouvement. Il ne doit être ni trop lâche, ni trop tendu.

L'avaloire est placée un peu au-dessous de la pointe des fesses, à peu près horizontalement. Il faut éviter de la serrer, pour que l'extension des membres postérieurs ne soit pas gênée.

La croupière ne doit pas être tendue, pour ne pas occasionner de blessures et provoquer des ruades.

La sangle double doit être sur son plat et dans toute son étendue, et serrée fortement à l'aide des lanières de dé d'enchapure, de façon à empêcher, autant que possible, les oscillations du bât. Avant de serrer, on s'assure que les dés de la sangle sont, de chaque côté, à une distance convenable des dés d'enchapure, et qu'on pourra sangler le mulet. L'ajustage est obtenu en prenant une sangle d'une longueur convenable.

Les différentes parties du bât sont entretenues d'après les procédés indiqués pour l'entretien du harnachement.

Fait à Paris, le 4 mai 1911.

Le Ministre de la guerre,

MAURICE BERTEAUX.

Paris et Limoges. — Impr. et libr. milit. H. CHARLES-LAVAUZELLE.

Librairie Militaire Henri CHARLES-LAVAUZELLE
10, rue Danton, boulevard Saint-Germain, 118, PARIS.

Jiu-Jitsu, méthode d'entrainement japonaise, par le commandant Harmand. — Volume in-12 de 42 pages, avec 17 photogravures................ 1 fr. »

La gymnastique chez soi, ou dix minutes d'exercices méthodiques chaque jour, par le commandant Harmand. — Vol. in-12 de 60 pages, avec 22 figures. 1 fr. »

Règlement d'éducation physique, approuvé par le Ministre de la guerre le 21 janvier 1910. In-12 de 136 p., avec 202 gravures, cartonné....... 1 fr. »
Relié toile.................................. 1 fr. 25

Courses et Jeux militaires, Règles des Jeux. — Brochure in-12 de 50 pages, cartonnée.......... » fr. 50

Règlement d'escrime (Fleuret, Epée, Sabre). Approuvé le 6 mars 1908. — Volume in-12 de 104 pages et 62 figures cartonné.. » fr. 60
Relié toile.................................. » fr. 85

Lois, Décrets, Circulaires et Instructions Ministérielles relatifs aux **Engagements volontaires et aux Rengagements** des sous-officiers, caporaux, brigadiers, soldats et marins. — *Armée de terre :* troupes métropolitaines et troupes coloniales. *Armée de mer :* équipages de la flotte et armuriers de la marine. (Edition mise à jour jusqu'au 15 octobre 1907.) Volume in-8° de 198 pages.. 2 fr. »

Chansons de route, paroles et musique, par le colonel du Fresnel, ✠. Vol. in-32 de 104 pages, relié pleine toile gaufrée.. 1 fr. »

Guide de l'emploi du temps pour un escadron, par un capitaine commandant. In-8° de 68 pages, broché.. 1 fr. 50

Conférences agricoles et morales, par Gabriel Viaux, vétérinaire de l'armée. — Volume in-18 de 196 pages.................................. 3 fr. »

Envoi franco lorsque les commandes sont accompagnées d'un mandat postal.

Causeries morales et d'utilité générale, par A. GRANGE, capitaine d'artillerie, avec préface de M. Georges DURUY, professeur à l'Ecole polytechnique (2e édition). — Vol. in-8° de 150 pages. 2 fr. »

Conférences morales faites aux jeunes soldats à leur arrivée au régiment, par le général FAURIE. — Brochure in-8° de 32 pages.. » fr. 60

Devoirs généraux du soldat ordonnance. Vol. in-32 de 80 pages, broché. » fr. 50
Relié toile.................... » fr. 75

Écoles de Sous-Officiers Elèves Officiers. **Programme des Examens** suivis des dispositions réglementaires relatives à la préparation des candidats et à leur admission dans les **Ecoles de Sous-Officiers Elèves Officiers.** (5e édition, à jour jusqu'au 10 décembre 1910.) — Brochure in-8° de 158 pages .... 1 fr. 50

Lois, Statuts et Instructions qui régissent les sociétés de secours mutuels militaires............ 2 fr. »

La Mutualité au Régiment..... 3 fr. »

De la mutualité entre les Hommes de troupe. Brochure in-8° de 70 p. 1 fr. 50

Vade-Mecum à l'usage des militaires de tous grades appelés à concourir à l'administration des Sociétés de secours mutuels régimentaires ou à en faire partie comme membres participants.... 1 fr. »

Un Escadron. Le Dressage (Equitation latérale), par le capit. CHAUVEAU. — In-8° de 112 p., avec 5 fig. 2 fr. 50

Projet d'Ecole du Cavalier à cheval, par le capitaine CHAUVEAU. — In-8° de 48 pages, avec 8 figures dans le texte.......................... 1 fr. »

Envoi franco lorsque les commandes sont accompagnées d'un mandat postal.

www.ingramcontent.com/pod-product-compliance
Ingram Content Group UK Ltd.
Pitfield, Milton Keynes, MK11 3LW, UK
UKHW020505180726
13839UKWH00004B/1917

9 782329 461137